AF586188

CATALOGUE

DE LA

LIBRAIRIE AGRICOLE

DE

LA MAISON RUSTIQUE

RUE JACOB, 26, A PARIS

PAR ORDRE DE MATIÈRES ET NOMS D'AUTEURS

JANVIER 1868

CE CATALOGUE ANNULE LES CATALOGUES PRÉCÉDENTS

DÉSIGNATION DU CATALOGUE

AVIS IMPORTANT

Toute commande de livres publiés à Paris, si elle est faite par un abonné du *Journal d'agriculture pratique*, de la *Revue horticole* ou de la *Gazette du village*, et accompagnée du prix de ces livres en un mandat sur Paris, ou, ce qui est plus sûr, en un bon de poste dont on garde la souche, qui sert de quittance, est expédiée sur tous les points de la *France*, de l'*Algérie*, de l'*Italie*, de la *Belgique* et de la *Suisse*, *franco*, au prix marqué dans les catalogues, c'est-à-dire au même prix qu'à Paris.

Les commandes de plus de 50 francs, faites dans les mêmes conditions, sont expédiées *franco* et sous déduction d'une *remise de dix pour cent*.

Quel que soit le chiffre de la commande, la remise est toujours de *dix pour cent* pour les abonnés, lorsque, au lieu d'expédier par la poste les ouvrages demandés, la *Librairie agricole* les livre au comptant à Paris.

Le catalogue de la *Librairie agricole* est expédié *franco* à toute personne qui en fait la demande *franco*.

On ne reçoit que les lettres affranchies.

MAISON RUSTIQUE DU XIXe SIÈCLE

CINQ VOLUMES GRAND IN-8 A DEUX COLONNES

ÉQUIVALANT A 25 VOLUMES IN-8 ORDINAIRES, AVEC 2,500 GRAVURES

REPRÉSENTANT

LES INSTRUMENTS, MACHINES, ANIMAUX, ARBRES, PLANTES, SERRES BATIMENTS RURAUX, ETC.

PUBLIÉS SOUS LA DIRECTION DE

MM. BAILLY, BIXIO ET MALPEYRE

TABLE DES PRINCIPAUX CHAPITRES DE L'OUVRAGE

TOME Ier. — AGRICULTURE PROPREMENT DITE

Climat. Sol et sous-sol. Amendements. Engrais Défrichement. Dessèchement.	Labours. Ensemencements. Arrosements. Irrigations. Récoltes. Clôtures.	Conservation des récoltes. Voies de communication. Céréales. Légumineuses.	Plantes-racines. Plantes fourragères. Maladies des végétaux. Animaux et insectes nuisibles.

TOME II. — CULTURES INDUSTRIELLES, ANIMAUX DOMESTIQUES

Plantes oléagineuses. Plantes textiles. — économiques. — potagères. — médicinales. — aromatiques. — tinctoriales.	Houblon. Mûrier. Arbres olivier. — noyer. — de bordures. — de vergers. Animaux domestiques.	Pharmacie vétérinaire. Maladies des animaux. Anatomie. Physiologie. Elevage et engraissement.	Cheval, âne, mulet Races bovines. Races ovines. Races porcines. Basse-cour. Lapin, pigeon. Chiens.

TOME III. — ARTS AGRICOLES

Lait, beurre, fromage. Incubation artificielle. Conservation des viandes.	Laine. Vers à soie. Abeilles. Vins, eaux-de-vie. Cidres, vinaigres. Sucre de betterave.	Lin, chanvre. Fécule. Huiles. Charbon, tourbe. Potasse, soude.	Résines. Meunerie. Boulangerie. Sels. Chaux, cendres.

TOME IV. — FORÊTS, ÉTANGS; ADMINISTRATION; CONSTRUCTION

Pépinières. Arbres forestiers. Culture des forêts. Exploitation. Abatage. Estimation. — Pêche, Etangs.	Empoissonnement. Législation rurale. Droits de propriété. Bail, Cheptel. Biens communaux. Police rurale. Aménagement. Plantation.	Administration. Choix d'un domaine. Estimation. Acquisition. Location. Améliorations. Capital. Personnel.	Constructions. Attelages. Mobilier. Bétail, engrais. Systèmes de culture Ventes et achats. Comptabilité.

TOME V. — HORTICULTURE

Terrain, engrais. Outils, paillassons. Couches, bâches. Terres. Orangerie.	Semis-greffes. Pépinières. Taille. Arbres à fruits. Légumes.	Jardin fruitier. — fleuriste. — potager. Culture forcée. Fleurs.	Plans de jardins. Calendrier du Jardinier. — du forestier. — du magnanier.

Prix des 5 volumes (ouvrage complet). . . . . 39 fr. 50
Chaque volume pris séparément. . . . . 9 fr. »

Il n'y a pas d'agriculteur éclairé, pas de propriétaire qui ne consulte assidûment la *Maison rustique du dix-neuvième siècle;* ce livre, expression la plus complète de la science agricole pour notre époque, peut former à lui seul la bibliothèque du cultivateur. 2,500 gravures réparties dans le texte parlent aux yeux et donnent aux descriptions une grande clarté.

AGRICULTURE — ÉCONOMIE RURALE

ALLIOT.

Maladies des végétaux (Origine des) et des animaux herbivores, moyens de les prévenir par le drainage, par Alliot, 92 p. in-8. 1 50

ALMANACH.

Almanach du Cultivateur, par les Rédacteurs de la *Maison rustique*. 192 pages in-18 et 85 gravures. . . . . » 50

Une nouvelle édition de cet almanach es publiée chaque année.

ANNALES.

Annales de l'Institut agronomique de Versailles. 1 vol. in-4 de 418 pages avec 4 planches. 3 50

BARRAL et DE CÉRIS.

Bon Fermier (Le), par Barral, et pour les nouveautés, par de Céris. Aide-mémoire du Cultivateur. 1 volume in-12 de 1,495 pages et 100 gravures. . . . . 7 »

Ouvrage contenant : le calendrier détaillé — le tableau des foires de chaque département — des tables usuelles pour la détermination du poids du bétail et pour les principaux besoins de l'agriculture — les travaux agricoles de chaque mois pour toutes les parties de la France — les distilleries — féculeries — brasseries et autres industries annexées aux exploitations rurales — la mécanique agricole complète, avec description et gravure des meilleurs instruments aratoires, machines, etc.

Une nouvelle édition du *Bon Fermier* est publiée tous les ans, avec revue de l'année écoulée et addition des nouveautés, par de Céris.

BERTIN.

Statistique des subsistances (De la), par A. Bertin. 1 vol. in-12 de 96 pages. . . . . » 50

BIGNON et DAMOURETTE.

Mémoires sur le métayage. Grand in-8 de 151 pages. . . 3 »

BODIN.

Agriculture (Éléments d'), par Bodin. 4e édition. 1 vol. in-18 de 360 pages. 1 75

BONNIER.

Statistique agricole et industrielle de l'arrondissement de Valenciennes, par Bonnier, juge de paix, président du Comice agricole de Condé. 1 vol. in-8 de 178 pages. 3 50

Cet ouvrage a été couronné par la Société impériale et centrale d'agriculture de France.

BORIE (Victor).

Agriculture au coin du feu, par Victor Borie. 1 vol in-12 de 290 pages.. . . . . 3 »

Agriculture et liberté, par V. Borie, membre de la Société impériale et centrale d'agriculture de France. 1 vol. in-8 de 189 pages. . 4 »

Animaux de la ferme, par V. Borie (voir p. 17). L'Espèce bovine forme 20 livraisons renfermant chacune 2 ou 3 aquarelles et 16 pages de texte. gr. in-4°, édition de luxe. Prix du volume broché formé des 20 livraisons. . . . . 80 »
Le même ouvrage cartonné. . . . . 85 »
Le même ouvrage richement relié. . . . . 100 »

Calendrier agricole (LES DOUZE MOIS), par V. Borie. 1 vol. in-8 à 2 colonnes de 380 pages et 95 gravures. 3 50

Gazette du village, fondée par V. Borie, voir page 30.

Travaux des champs, par V. Borie (Bibl. du Cultiv.). 188 pages et 121 grav. 1 25

BORTIER.

Desséchement des moëres, par Cobergher, en 1622. Notice par Bortier. 8 p. in-8, portrait de Cobergher et carte des Moëres. 1 »

BOST.

Table décennale du Correspondant des justices de paix et des tribunaux de simple police, par Bost. 1 vol. in-8 de 184 pages. . . . . 4 »

BRETON.

Crédit agricole en France, par Breton. 100 pages in-8. . 1 »

Défrichement (**Manuel théorique et pratique du**), par Breton. 1 vol. in-8 de 400 pages. . . . . 4 »

Grains (**Moyens infaillibles de prévenir la pénurie des**) et leur cherté excessive en France, par Breton. In-8 de 32 pages. » 50

Assistance publique (**L'**) et la bienfaisance au dix-neuvième siècle, par F. Breton. 1 vol. in-8 de 160 pages. 2 50

BUJAULT (Jacques).

OEuvres de Jacques Bujault. 3e édition. 1 vol. in-8 de 540 pages et 33 gravures. . . . . 6 »

CANCALON.

Histoire de l'agriculture, par Cancalon. 1 volume in-8 de 474 pages. . . . . 6 »

CARPENTIER.

Enseignement agricole (**Entretien sur l'**) **en France**, par Carpentier. 1 brochure. . . . . » 40

CRISES, etc.

Crises agricoles (**Les**) dans l'abondance et la pénurie des grains; moyens infaillibles de les prévenir, par l'ancien rapporteur de la Commission du Crédit agricole au Congrès central d'agriculture dans la session de 1847. 1 brochure in-18 de 40 p. 3e édit. . . . . . » 50

DESTREMX DE SAINT-CRISTOL.

Agriculture méridionale. Le Gard et l'Ardèche. 1 vol. in-8 de 407 pages. 3 50

DEZEIMERIS.

Conseils aux agriculteurs sur l'art d'exploiter le sol avec profit, par Dezeimeris, ancien député. 3e édit. 1 vol. in-12 de 654 pag. 3 50

DOMBASLE (DE).

Agriculture (Traité d'), par Mathieu de Dombasle. 5 vol.. 30 »

Annales de Roville, par Mathieu de Dombasle. 9 vol. in-8. 61 50

Calendrier du Bon Cultivateur, par Mathieu de Dombasle. 10e édition. 1 vol. in-12 de 872 pages et 5 planches. 4 75

Écoles d'arts et métiers, par Mathieu de Dombasle. 1 brochure in-18 de 106 pages. 1 »

Économie politique et agricole, par Math. de Dombasle. 1 vol. in-18 de 194 pages. 1 50

DOYÈRE.

Alucite des céréales, ses ravages et moyens de les faire cesser, par Doyère. 110 pages in-4, gravures et 3 planches. 3 50

Ensilage, par Doyère, professeur d'histoire naturelle à l'École centrale des arts et manufactures. In-8 de 48 pages. . . . . » 75

DRALET.

Taupier (Art du), par Dralet. 16e édition. In-12 de 66 pag. 1 »

DREUILLE (DE).

Métayage (Du) et des moyens de le remplacer, par le vicomte de Dreuille. 1 vol. in-18 de 104 pages. . . . . 1 »

DUGUÉ.

Comptabilité agricole (Notions pratiques de), par Dugué. 1 brochure in-8 de 32 pages. 1 25

DURRIEUX.

Monographie du paysan du département du Gers, par Alcée Durrieux. 1 vol. in-18 de 260 pages. 3 50

EMION (V.).

Taxe (La) du pain, par Victor Emion, avec préface par Victor Borie. 1 vol. in-8 de 108 pages. . . . . 4 fr.

ENQUÊTE.

Agriculture française (Enquête sur l'), par une Réunion de députés. 1 vol. in-8 de 244 pages. 2 50

ERATH.

Houblon, par Erath, traduit par Nicklès. (Bibl. du Cultiv.). 136 pages et 22 gravures. 1 25

ESTANCELIN.

Enquête (L') et la crise agricole, lettre à M. le ministre de l'agriculture ; par Estancelin. 1 brochure in-8 de 32 pages. . . . . 1 »

FALLOUX (Comte DE).

Dix ans d'agriculture. Br. in-8, 47 pages. . . . . 1 »

FLAXLAND.

Enquête agricole (Quelques considérations relatives à l'), dans les départements frontières du Nord-Est, par Flaxland. . . 1 »

FRILET.

Igname de la Chine (Notice sur la pomme de terre et l'), par Frilet. In-8 de 24 pages. . . . . » 50

GASPARIN (DE).

Agriculture (Cours d'), par de Gasparin, membre de l'Académie des sciences, ancien ministre de l'agriculture. 6 vol. in-8 et 253 gr.. 39 50

Fermage (estimation, plan d'amélioration, baux), par de Gasparin, membre de l'Institut, ancien ministre de l'agriculture (Bibl. du Cultiv.). 5e édit. 216 pages. 1 25

Métayage (contrat, effets, améliorations), par de Gasparin (Bibl. du Cult.). 2e édit. 166 pages. 1 25

Safran (Culture du), par de Gasparin. . . . . » 75

GAUCHERON.

Économie agricole (Cours d' et de culture usuelle, par Gaucheron. 2 vol. in-18. . . . . 2 50

GAULTIER.

Trente années d'agriculture pratique, par P. Gaultier. 1 vol. in-12 de 275 pages. 1 25

GIRARDIN (J.).

Agriculture (Mélanges d'), par Girardin. 2 vol. in-12. . . 10

GOURCY (DE).

Voyage agricole en France, Allemagne, Hongrie, Bohême et Belgique, par le comte de Gourcy. 1 vol. in-12 de 432 pages. . . . 3 50

GOUX (J.-B.).

Le sorcier, légende du chantier rural. In-18, 70 pages. . . . 1 »

GROUSSEAU (DE).

Comices (Manuel des), par de Grousseau. 1 brochure in-32 de 50 pages. . . . . » 15

GUILLON.

Agriculture provençale (Essai d'un traité d'), par Guillon 2 vol. in-18, ensemble de 300 pages. . . . . 5 »

Agriculture provençale (Vade mecum de l'), par Guillon. 1 vol. in-18, de 136 pages. . . . . 2 »

Catéchisme de l'agriculteur provençal, par Guillon. 1 vol. in-18 de 52 pages. . . . . 1 »

GUSTAVE D.

Hanneton. Ses ravages, moyen de le détruire, par Gustave D. 1 brochure in-8 de 16 pages. . . . . » 75

Heuzé.

Assolements et systèmes de culture. par Heuzé. 1 vol. in-8 de 536 pages avec nombreuses gravures sur bois. . . . . . . 9 »

Pavot (Culture du). par Heuzé. 1 vol. in-18 de 44 pages. . » 75

Plantes fourragères. par Heuzé, 3e édition. 1 vol. in-8 de 582 p. avec 42 vignettes sur bois et 20 gravures coloriées. . . . . . 10 »

Plantes industrielles. par Heuzé. 2 vol. in-8 de 896 pages, avec des vignettes sur bois et 20 gravures coloriées. . . . . 18 »

Jamet.

Agriculture (Cours d') et chaulages de la Mayenne. 2e édition, par Jamet, président du comice de Craon, ancien représentant. 400 pages in-12 . . . . 3 50

Joigneaux.

Causeries sur l'agriculture et l'horticulture, par P. Joigneaux. 1 vol. in-18 de 403 pages. 3 50

Champs et prés (Les). par Joigneaux (Bibl. du Cultiv.). 140 pages. 1 25

Choux. Culture et emploi, par Joigneaux (Bibl. du Cultiv.). 1 vol. in-18 de 180 pages et 14 gravures. 1 25

Joubert.

Comptabilité agricole (Agenda de), par Joubert. In-4. 3 »

Sologne (Agriculture de la), par Ch. Joubert et Isaac Chevalier, cultivateurs. 1 vol. in-8 de 300 pages. . . . . 4 »

Kaindler.

Coton en Algérie (Culture du). par Adolphe Kaindler. Une brochure in-18. . . . . 1 »

Labourage (à vapeur, etc.).

Labourage (Du) à vapeur et des labours profonds en 1867. Résultats du concours international de Petit-Bourg. 1 vol. de 60 pages in-8. 3 fr.

Lartet.

Colline de Sansan. Récapitulation des espèces d'animaux vertébrés fossiles trouvés à Sansan, par Lartet. 48 p. in-8 et 1 planche. 1 25

Laterrade.

Grêle (moyens d'en combattre les effets). par Laterrade. 1 brochure in-8 de 64 pages. 1 25

Laurençon.

Traité d'agriculture élémentaire et pratique à l'usage des écoles primaires, par C. Laurençon. 2 vol. in-18 avec nombreuses gravures. 1 50

Chaque volume séparé. 75

Laveleye.

Économie rurale (Essai sur l') de la Belgique, par Émile de Laveleye. 1 vol. in-18 de 304 pages. 3 50

LAVERGNE.

Agriculture des terrains pauvres, par Lavergne, ancièn représentant du peuple. 1 vol in-18 de 200 pages. . . . . 3 »

LAVERGNE (DE).

Agriculture (L') et l'enquête, par L. de Lavergne, brochure de 48 pages. . . . . 1 »

Agriculture et population, par L. de Lavergne, membre de l'Institut. 1 vol. in-8 de 412 pages. 3 50

Économie rurale de la France depuis 1789, par L. de Lavergne, membre de l'Institut. 1 vol. in-12 de 490 pages. . . 3 50

Économie rurale (Essai sur l') de l'Angleterre, de l'Écosse et de l'Irlande, par L. de Lavergne. 3e édit. 1 vol. in-12. . . . . . . 3 50

LECOQ.

Plantes fourragères (Traité des), par Henri Lecoq. 2e édition. 1 vol. in-8 de 518 pages et 40 gravures. 7 50

LECOUTEUX (E.).

Agriculture (L') et les élections de 1863. 64 p. in-8. 2 »

Blé (La Question du), par Ed. Lecouteux. Br. de 32 pages. 1 »

Culture améliorante (Principes de la), par E. Lecouteux, ancien directeur des cultures à l'Institut agronomique de Versailles. 3e édition. 1 vol. in-12 de 400 pages. 3 50

Culture (Traité des entreprises de grande), ou principes d'économie rurale; par E. Lecouteux. 2 vol. in-8, formant ensemble 1,136 pages. . . . . 15 »

LEFOUR.

Comptabilité et géométrie agricoles, par Lefour (Bibl. du Cultiv.). 214 p. et 104 grav. 1 25

Culture générale et instruments aratoires, par Lefour (Bibl. du Cultiv.). 1 vol. in-18 de 160 pages et 132 gravures. . . . 1 25

Problèmes agricoles (300), par Lefour. 1 brochure in-18 de 36 pages. . . . . » 50

LE MAOUT.

Le trésor des laboureurs. Adages, maximes et proverbes agricoles. In-18 de 176 pages.. . . . . 1 50

LÉOUZON.

Enseignement agricole (Réforme de l'), par Louis Léouzon, 1 brochure in-8 de 28 pages. . . . . 1 »

LEPLAY.

Sorgho sucré (Culture du) comme plante industrielle et comme plante fourragère; par H. Leplay. 36 pages in-8. . . . . . 1 »

LEROY (A.).

Revue agricole illustrée. Guide du châtelain. In-4 de 148 pages, orné de nombreuses gravures. . . . . 5 »

LIEBIG (DE).

Lettres sur l'agriculture moderne, par le baron Justus de Liebig, traduites par le docteur Théodore Swarts. 1 volume in-18 de 244 pages 3 50

LOUVEL.

Grains (Conservation des) au moyen du vide, par le docteur Louvel. . . . . » 75

LULLIN DE CHATEAUVIEUX.

Voyages agronomiques en France, par Lullin de Chateauvieux. 2 vol. in-8, formant ensemble 1031 pages. . . . . 10 »

LURIEU (DE).

Colonies agricoles (Études sur les) de mendiants, jeunes détenus, orphelins et enfants trouvés de Hollande, Suisse, Belgique, France; par de Lurieu et Romand, inspecteurs généraux des établissements de bienfaisance. 1 vol. in-8 de 462 pages. 7 50

MACHARD.

Prairies artificielles (Essai sur les). Luzerne, Trèfle ordinaire, Trèfle printanier, et Sainfoin ou Esparcette, par Machard. In-18. 1 »

MAGNIER.

Avenir de l'agriculture par l'enseignement agricole, par Magnier. 1 brochure. . . . . » 40

MARTINELLI.

Comices (Appel aux). par J. Martinelli. 32 pages in-8. . . » 50

MARTRES.

Agriculture (L') du département des Landes devant l'enquête, et son amélioration par la culture de la vigne et du pin, par Léon Martres. In-12 de 100 pages et table. . . . . » 75

MASURE.

Leçons élémentaires d'agriculture à l'usage des agriculteurs praticiens et destinées à l'enseignement agricole dans les écoles spéciales d'agriculture, dans les écoles normales primaires et dans les écoles communales.

Première partie : Les plantes de grande culture, leur organisation et leur alimentation. 1 vol. in-18 de 330 p. et 32 grav. 3 50

Deuxième partie : Vie aérienne et vie souterraine des plantes agricoles. 1 vol. de 477 pages et 20 figures. 3 50

L'ouvrage complet. . . . . 7 »

MÉHEUST (P.).

Économie rurale de la Bretagne. par P. Méheust. 1 vol. in-18 de 220 pages. 2 50

Économie rurale (Leçons publiques d'), par Méheust. 1 vol. in-18 de 68 pages. . . . . 1 »

MESNIL-MARIGNY (DU).

Céréales et la douane (Les). par du Mesnil-Marigny. 1 vol. in-18 de 260 pages. . . . . 3 »

Midy.

Nouvelle manière de cultiver et de récolter les betteraves, par F. Midy. 2e édition. In-8 de 48 pages. . . . . . 1 »

Moll.

Inondations (**Moyens de réparer les ravages des**), par Moll, professeur d'agriculture au Conservatoire. 10 pages in-4. » 50

Papier.

Tabacs en Algérie (**Question des**), par Papier. In-8 de 88 pages. . . . . 2 »

Paté (J.-B.).

Mes revers et mes succès en agriculture. 1 volume in-8 de 126 pages. . . . . 2 »

Perrin de Grandpré.

Crédit agricole et caisse d'épargne, par Perrin de Grandpré. In-8 de 48 pages.. . . . . 1 »

Petit-Laffitte.

Tabac (**Culture du**), par Petit-Laffitte. 104 pages in-12. . . 2 »

Rancy (Edmond de Granges de).

Comptabilité agricole (**Traité de**), par Ed. de Rancy, 2e édition. 1 vol. in-8 de 296 pages.. . . . . 5 »

Registres.

Registres de comptabilité.

La main de 24 feuilles in-folio avec couverture. . . . . . . 2 »
— in-quarto — 1 25

Réunions, etc.

Réunions territoriales, création de chemins d'exploitation. Étude sur le morcellement en Lorraine, par F. P. 48 pages in-8. . » 75

Rigaut.

Statistique agricole du canton de Wissembourg, par Rigaut, juge au tribunal de Wissembourg. 392 pages gr. in-4. . 15 »

Cet ouvrage a été couronné par la Société impériale et centrale d'agriculture et par l'Académie nationale agricole de Paris.

Riondet.

Olivier (**L'**), par A. Riondet, agriculteur à Hyères. In-18 jésus de 139 pages. (Bibliothèque du Cultivateur.). 1 25

Rochussen.

Culture et fécondation artificielles des céréales, système Hooïbrenk, par Rochussen. 1 vol. in-8 de 54 pages, avec 3 planches. 1 50

Rondeau.

Crédit agricole (**Projet de**), par Rondeau, ancien représentant du peuple. 1 vol. in-18 de 236 pages . . . . 2 »

ROYER.

Allemande (L'Agriculture), ses écoles, son organisation, ses mœurs et ses pratiques; par Royer, inspecteur général de l'agriculture. 1 vol. grand in-8 de 542 pages. 7 50

Statistique agricole de la France en 1843, par Royer. 1 vol. in-8 de 304 pages. 5 »

SAINT-AIGNAN.

Crise agricole (La), prise de loin et vue de haut, par le comte de Saint-Aignan, membre de la Société impériale d'acclimatation. . . . . 1 »

SAINTOIN-LEROY.

Comptabilité agricole (Cours complet), par Saintoin-Leroy.

1° *Manuel de comptabilité agricole pratique*, en partie simple et en partie double, seconde édition, avec modèle des écritures d'une exploitation rurale pour une année entière. 1 vol. gr. in-8 et tableaux, de 176 p. . . . . 3 »

2° *Comptabilité-matières de l'agriculteur*, Complément du *Manuel de comptabilité agricole pratique*, suivie du *Livre du travail*, et d'une *Méthode abrégée de tenue des livres agricoles en partie simple*. 1 vol. gr. in-8 de 144 pages, avec nombreux tableaux. 4 »

3° *Comptabilité simplifiée, agricole et commerciale*, mise à la portée de la moyenne et de la petite culture, suivie de la *Comptabilité spéciale des marchands et des artisans*, à l'usage des écoles primaires de garçons et de filles. 1 vol. gr. in-8 et tableaux, de 96 pages. . . . . 2 »

Registres pour la grande et la moyenne culture.

Registre-Mémorial de l'Agriculteur (comptabilité-matières), réunion de tous les tableaux nécessaires à la constatation de tous les faits d'une exploitation rurale. 1 vol. gr. in-4 oblong. . . . . 3 »

Livre de caisse (comptabilité-espèces), registre en tableaux. 1 vol. grand in-4 oblong. 2 50

Journal, registre en blanc réglé et folioté. 1 vol. gr. in-4 oblong. 2 50

Grand-Livre, registre en blanc réglé et folioté. 1 vol. gr. in-4 oblong. . . 3 »

On peut joindre à ces registres des cahiers quadrillés pour la constatation journalière des travaux de main-d'œuvre, des attelages et de la nourriture du personnel.

1° Cahier quadrillé avec instruction et modèles de tableaux. 1 vol. petit in-4 oblong. . . . . 2 »

2° Cahier simplement quadrillé. 1 vol. petit in-4 oblong. 1 25

Agenda de poche du Cultivateur, petit cahier à joindre à tous les Agendas usuels, de 36 pages, format in-18; prix des dix exemplaires. 1 50

Comptabilité de la petite culture à l'aide d'un seul livre dit Mémorial-caisse, à l'usage de l'enseignement élémentaire de la comptabilité agricole dans les écoles primaires, in-4 oblong. 1 25

Registres pour la comptabilité simplifiée.

Registre unique du Cultivateur pour l'application de la Comptabilité simplifiée. 1 vol. petit in-4 oblong, de 100 pages. . . . . 2 »

Le même, moins fort, pour les écoles. . . . . » 60

Livre de caisse des Marchands. 1 vol. petit in-4 oblong. . . . . 2 »

Livre de caisse des Artisans. 1 vol. petit in-4 oblong. . . . . 2 »

Chaque volume ou registre se vend séparément.

SCHWERZ.

Agriculteur commençant (Manuel de l'), par Schwerz, traduit par Villeroy (Bibl. du Cultiv.). 5e édit. 332 pages. 1 25

Sers (Louis).

Enquête agricole (L') dans le département des Basses-Pyrénées, en 1866, par Louis Sers. 1 vol. in-8 de 93 pages 2 50

Stockhardt.

Ferme (La), Guide du jeune Fermier, par Stockhardt. 2 vol. in-18 formant ensemble 616 pages. . . . . 7 »

Thomas (Ernest).

Halles et marchés en gros (Manuel des), guide de l'approvisionneur, de l'acheteur et des employés aux divers services de l'alimentation de Paris. 1 vol. in-18 de 316 pages. . . . . 3 »

Vigneral (De).

Agriculture (Manuel populaire d') à l'usage des cultivateurs d'Argentan, par de Vigneral. 92 pages in-8. . . . . 1 25

Vilmorin.

Sorgho sucré et igname de Chine. par Vilmorin. 8 pag. » 25

Young (Arthur).

Voyages en France pendant les années 1787, 1788. 1789, par Arthur Young, traduit par Lesage. 2 vol. in-18. . 7 »

AMENDEMENTS — ENGRAIS — CHIMIE — PHYSIQUE

Bobierre.

Atmosphère (L'), le sol, les engrais, par Bobierre. 1 vol. in-12 de 632 pages. . . . . 5 »

Noir animal (Le). Analyse, emploi, vente, par Bobierre (Bibl. du Cultiv.). 156 p. et 7 grav. 1 25

Bortier.

Coquilles animalisées, leur emploi en agriculture, par Bortier. . . . . 1 »

Cartier (J.).

Sels alcalins (De l'emploi des) en agriculture, par J. Cartier, ingénieur civil. 1 vol. in-8 de 133 pages. . . . . 2 »

Composts, etc.

Composts, fumiers, plâtre (Notice sur les). employés comme engrais. . . . . » 50

Fouquet.

Fumiers de ferme et composts, par Fouquet (Bibl. du Cult.). 2e édit., 176 p. et 19 grav. 1 25

Jauffret.

Nouvelle méthode pour la fabrication économique des engrais. par Pierre-J. Jauffret. 1 br. in-8 de 56 p. et 1 pl. 3 »

Heuzé.

Fumures et des étendues en fourrages (Formules des). par G. Heuzé. 2e édition. 1 brochure in-18 de 60 pages. . . . 1 25

Matières fertilisantes, par Heuzé. 4e édition. 1 vol. in-8 de 708 pages. . . . . 9 »

LEFOUR.

Sol et engrais, par Lefour (Bibl. du Cultiv.). 180 p. et 50 gr. 1 25

MARTIN (DE).

Engrais alcalins (Des) extraits des eaux de mer. In-8 de 15 pag. » 50

MASURE.

Marne et chaux employées en agriculture (mémoire sur les avantages comparés), par Masure. 1 brochure in-8 de 108 pages. 1 50

OKORSKI.

Désinfection des villes. Engrais complet dit engrais atmosphérique; par Okorski. 1 brochure in-8, de 24 pages et 3 tableaux.. . . 1 »

PETIT-LAFFITTE.

Études de terres arables, par Petit-Laffitte. 1 vol. in-18 de 160 pages.. . . . . 1 50

PIÉRARD.

Chaux (La), son emploi en agriculture, par Piérard, ingénieur en chef des mines. 36 pages in-12 . . . . » 75

PIERRE.

Chimie agricole, par Isidore Pierre, professeur de chimie à la Faculté de Caen. 4e édition. 1 vol. in-12 de 560 pages et 23 grav. 4 »

PUVIS.

Amendements (Traité des), par Puvis. 1 volume in-18 de 440 pages.. . . . . 3 50

RONNA (A.).

Phosphates de chaux (Fabrication et emploi des) en Angleterre, par A. Ronna, ingénieur. 1 vol. in-18 de 162 pages.. . 1 »

Utilisation des eaux d'égout en Angleterre, Londres et Paris, par A. Ronna, ingénieur. 1 vol. in-8 de 132 pages et 5 grandes planches. . . . . 6 »

SACC.

Chimie agricole (Précis élémentaire de), par le docteur Sacc. 2e édition. 1 vol. in-12 de 454 pages et 5 gravures. 3 50

STOCKHARDT.

Chimie usuelle appliquée à l'agriculture et à l'industrie, par Stockhardt, traduite par Brustlein. 1 volume in-18 de 524 pages et 225 gravures. 4 50

DRAINAGE—IRRIGATION—ÉTANGS—PISCICULTURE

BARRAL.

Drainage des terres arables, par Barral. 2e édition. 2 vol in-12 formant ensemble 960 pages et contenant 445 grav. et 9 pl.. . . 7 »

Irrigations, engrais liquides et améliorations foncières permanentes, par Barral. 1 v. in-12 de 790 p. et 120 grav.. 7 50

Législation du drainage, des irrigations et autres améliorations foncières permanentes, par Barral. 1 vol. in-12 de 664 pages. 7 50

Benoit.

Drainage (Système de), par Benoit. In-8, 24 pages et 1 pl. 1 »

Besenval (Comte de).

Observations pratiques sur un moyen économique d'assainissement des terres en culture, et résultats du système. Broch. in-8. » 25

Delacroix.

Drainage (Faits de), débit des terres drainées, position des plans d'eau souterrains, par Delacroix. 84 pages in-18 et 4 gravures. 1 25

Dalloz.

Irrigations (Code des), suivi des rapports de MM. Dalloz et Passy, et de la législation étrangère, par Bertin, avocat, rédacteur en chef du journal *le Droit*. 1 vol. in-8 de 182 pages. . . . . 3 »

Danilewski.

Coup d'œil sur les pêcheries en Russie, par C. Danilewski. Grand in-8 de 75 pages. 1 50

Jeandel.

Inondations (Études expérimentales sur les), par Jeandel, ancien élève de l'École forestière. 1 vol. in-8 de 146 pages. . . 2 50

Joigneaux.

Pisciculture et culture des eaux, par Joigneaux. 1 vol. in-18 de 360 pages et 61 gravures. Prix. 3 50

Lambot-Miraval.

Montagnes (moyens de les reverdir par l'irrigation et de prévenir les inondations), par Lambot-Miraval. 66 pag. 2 »

Leclerc.

Drainage (Traité pratique de), par Leclerc, ingénieur, chef du service du drainage en Belgique. 1 vol. in-12 de 424 p. 130 gr. 3 50

Martres.

Drainage appliqué à l'agriculture des landes, par Martres. 70 p. 1 »

Midy.

Drainage (Le) et l'irrigation, par Midy. 27 pages in-8. . . » 50

Monny de Mornay.

Irrigations en Italie et en Allemagne (Législation des), par Monny de Mornay, chef de la division de l'agriculture au ministère de l'agriculture. 1 vol. in-8 de 166 pages. 3 50

Mouls.

Huîtres (Les), par l'abbé L. Mouls, curé d'Arcachon. 1 v. in-18. 1 25

Muller (A.) et Villeroy (F.)

Manuel des irrigations. 2e édition revue et corrigée par les auteurs. 1 vol. in-12 de 263 pages et 123 gravures 3 50

Nivière.

Drainage (Moyen d'obtenir du) tout son effet utile, par Nivière, ancien directeur de l'école de la Saulsaie. In-12 de 36 pages. . . » 75

Pellault.

Irrigations. Commentaire de la loi du 29 avril 1845, par Henri Pellault, docteur en droit. In-12 de 374 pages. 3 50

SERS.

Irrigation dans les contrées montagneuses, par Sers. Une brochure in-8 de 24 pages . . . . » 75

THACKERAY.

Drainage (Philosophie et art du), par Thackeray. 96 p. 2 50

VIGNOTTI.

Irrigations du Piémont et de la Lombardie, par Vignotti. 1 vol. in-18 de 94 pages . . . . » 75

VILLEROY (F.)

Voir MULLER (A.) et VILLEROY (F.)

VIREBENT.

Drainage rendu facile, par Virebent. 40 p. in-8 et 3 pl. . 1 25

CONSTRUCTIONS, INSTRUMENTS, ARTS AGRICOLES

BONA.

Constructions rurales (Manuel des), par Bona. 3e édition. 1 vol. in-18 de 296 pages 3 50

CASANOVA.

Charrue (Manuel de la), par Casanova. 1 vol. in-18 de 176 pages et 83 gravures 1 75

DAMEY.

Machines à battre (Le conducteur de), par Damey. 1 vol. in-18 de 108 pages 1 50

KERGORLAY (DE).

Ferme de Canisy, par de Kergorlay. 24 p. in-4 et 52 grav. 1 »

LABOURAGE (à vapeur, etc.).

Labourage (Du) à vapeur et des labours profonds en 1867. Résultats du concours international de Petit-Bourg. 1 vol. de 60 pages in-8 . . . . 3 fr.

LEFOUR.

Constructions et mécaniques agricoles, par Lefour (Bibl. du Cultiv.). 216 p. et 151 gr 1 25

MACHINES, etc.

Machines à moissonner. Rapport du jury sur le concours de 1859 64 pages grand in-8, 34 gravures . . . . 1 »

PEPIN-LEHALLEUR.

Labourage à vapeur, par Pepin-Lehalleur . . . . » 50

PIOT.

Meulerie et meunerie, par Piot. 1 vol. in-8 de 370 pages et 21 gravures . . . . 12 »

PLANET.

Machines à battre (La vérité sur les), par de Planet. 1 vol. in-18 de 256 pages . . . . 2 »

SAINT-MARTIN.

Chemins ruraux (Des), par Saint-Martin. 1 brochure in-8 de 60 pages. . . . . 2 »

TOUAILLON.

Meunerie (La), la boulangerie, la biscuiterie, la vermicellerie, l'amidonnerie, la féculerie et la décortication des légumineuses, par Charles Touaillon fils, ingénieur, constructeur spécial de moulins, meules, etc. 1 vol. in-18 de 452 pages. . . . . 5 »

ANIMAUX DOMESTIQUES — MÉDECINE VÉTÉRINAIRE

AYRAULT.

Industrie (De l') mulassière en Poitou, ou étude de la race chevaline mulassière, de l'âne, du baudet et du mulet, par Eugène Ayrault, vétérinaire. 1 vol. in-12 de 200 pages et 3 planches. . . . . 3 »

Cet ouvrage a obtenu une grande médaille d'or à la Société impériale et centrale d'agriculture de France.

BENION.

Races canines (Les). Origine, transformations, élevage, amélioration, croisement, éducation, utilisation au travail, rage, maladies, taxes, etc., par A. Benion, médecin vétérinaire. 1 vol. in-12 de 260 pages, orné de 12 belles gravures. 3 50

BORIE (Victor).

Animaux de la ferme, par Victor Borie. — ESPÈCE BOVINE.

Ce volume, qui est terminé, contient 46 aquarelles dessinées d'après nature, 65 gravures noires intercalées dans le texte et 352 pages de texte grand in-4 imprimées avec luxe.

Prix des 20 livraisons. . . . . 80 »
Le même volume cartonné. . . . . 85 »
— richement relié. . . . . 100 »

DAIGNAUD.

Race bovine du Limousin (Amélioration de la), par Daignaud. 1 vol. in-18 de 106 pages. 1 50

DAMPIERRE (DE).

Races bovines, par de Dampierre (Bibl. du Cult.). 2e édit. 196 pages et 28 gravures. 1 25

DELAFOND.

Typhus de l'espèce bovine, par Delafond, professeur à l'École vétérinaire d'Alfort. 20 pages in-8 et 5 gravures. . . . . . . » 75

FLAXLAND (J.-F.).

Études sur l'élevage, l'entretien et l'amélioration de la race bovine en Alsace. 124 p. in-8. . . . . 2 »

GAYOT.

Bétail gras (Le) et les concours d'animaux de boucherie, par Eugène Gayot. 1 vol. in-8 de 204 pages. 3 50

Cheval (Achat du), par Gayot (Bibl. du Cultiv.). 1 vol. de 216 pages et 25 grav. 1 25

Chevaline (La France), par Eug. Gayot, ancien directeur des haras.

1re partie : *Institutions hippiques*, contenant l'histoire de l'administration des haras, étalons approuvés et autorisés, étalons départementaux, primes à la production et à l'élève ; courses au trot, au galop ; steeple-chases. 4 vol. in-8. . . . . 26 »

2e partie : *Etudes hippologiques* traitant de toutes les questions de science qui aboutissent à la production et à l'élève des chevaux. Étude physiologique de toutes les races du pays et de leurs transformations. 4 v. 26 »

Lièvres, lapins et léporides, par Eug. Gayot (Bibl. du Cultiv.), 216 p. et 16 grav. 1 25

Mouches et vers, par Eug. Gayot, 1 vol. in-12 de 218 pages, orné de 33 vignettes. 3 50

Poules et œufs, par E. Gayot (Bibl. du Cultiv.). 1 v. de 216 pag. 1 25

Sportsman (Guide du), ou traité de l'entraînement. 1 vol. in-18 de 376 pages avec 12 gravures, par E. Gayot. 4e édition. 3 50

GEOFFROY SAINT-HILAIRE.

Animaux utiles (Acclimatation et domestication des), par I. Geoffroy Saint-Hilaire, président de la Société d'acclimatation. 4e édition. 1 beau vol. in-8 de 534 pages et 47 gravures. . . . 9 »

GOUX.

Race bovine garonnaise, par Goux. 1 vol. in-8 de 80 pages. 1 50

HAYS (DU).

Cheval percheron, par du Hays (Bibl. du Cultiv.). 1 vol. de 176 pages. 1 25

Merlerault (Le), ses herbages, ses éleveurs, ses chevaux, par Charles du Hays. 1 vol. in-18 de 182 pages. . . . . 3 »

HEUZÉ (G.).

Porc (Le), par Gustave Heuzé, membre de la Société impériale et centrale d'agriculture de France. 1 volume in-12 de 334 pages avec 56 gravures. 3 50

JACQUE (CH.).

Poulailler (Le), par Ch. Jacque. 2e édit. 1 vol. in-12 et 120 g. 3 50

JUILLET.

Chevaline (Émancipation de l'industrie), par Juillet. 1 brochure in-8 de 48 pages. 1 50

LAMORICIÈRE (GÉNÉRAL DE).

Chevaline (De l'espèce) en France, par le général de Lamoricière. 1 vol. in-4 de 312 pages et 3 cartes coloriées. 3 50

LEFOUR.

Animaux domestiques, par Lefour (Bibl. du Cultiv.). 1 vol. in-18 de 162 pages et 57 grav. 1 25

Cheval, âne et mulet, par Lefour (Bibl. du Cult.). 1 vol. de 182 p. et 300 gravures. 1 25

Mouton (Le), par Lefour, ancien inspecteur général de l'agriculture. 1 vol. in-18 de 390 p. et 76 grav. 3 50

Race flamande, par Lefour. 1 volume in-4 de 216 pages, avec 114 gravures noires et 4 planches coloriées. (Édition de l'Imprimerie impériale.). . . . . 20 »

MAGNE.

Vaches laitières (Choix des), par Magne (Bibl. du Cultiv.). 144 pag. et 39 gravures. 1 25

MILLET-ROBINET (Mme).

Basse-cour, pigeons et lapins, par Mme Millet (Bibl. du Cultiv.). 4e édit. 180 pages et 31 gravures. 1 25

PEILLARD.

Fer élastique (Le). Ferrure physiologique, par C. Peillard. 1 vol. in-12 de 130 p. et 30 grav. . . . . 2 »

RAUCH.

Vétérinaires (Nécessité d'encourager l'établissement des) dans les campagnes. 36 p. in-18, par Rauch. . . . . » 50

SAIVE (DE).

Inoculation du bétail pour prévenir la péripneumonie, par le docteur de Saive. 100 pages in-8. . . . . 2 50

SALLE.

Méthode pratique pour aider à la connaissance rapide de l'âge du cheval, par Salle, vétérinaire militaire. Tableau circulaire mobile, cartonné. 5 »

SANSON.

Bétail (Économie du), par Sanson. 4 vol. in-18 et plus de 150 grav. Prix de chaque volume. 3 50

1er VOL. — Organisation et fonctions physiologiques, hygiène.
2e VOL. — Principes généraux de la zootechnie.
3e VOL. — Applications : cheval, âne, mulet.
4e VOL. — Applications : bœuf, mouton, chèvre, porc.

Chaque volume se vend séparément.

Médecine vétérinaire (Notions usuelles de), par Sanson (Bibl. du Cultiv.). 1 vol. de 180 pages. 1 25

SEGOUIN.

Lapins (Nouveau traité pratique de l'éducation des diverses espèces de), par Segouin. 58 pages in-12. . . . . » 50

VERHEYEN.

Médecine vétérinaire (Manuel de), par Verheyen. 2 volumes de 392 pages. 2 50

VIAL.

Engraissement du bœuf, par Vial (Bibl. du Cultiv.). 1 vol. in-18 de 180 pages et 12 gravures. 1 25

VIAL (A.).

Traité d'hippologie. Connaissance pratique du cheval, par A. Vial. 1 vol. in-8 de 319 pages et 73 gravures. 7 50

VILLEROY.

Bêtes à cornes (Manuel de l'Éleveur de), par Villeroy (Bibl. du Cultiv.). 300 pages et 60 gravures. 1 25

Bêtes à laine (Manuel de l'Éleveur de), par F. Villeroy, cultivateur au Rittershof (Bavière rhénane). 1 v. de 335 p. et 54 gr. 3 50

Chevaux (Manuel de l'éleveur de), par Félix Villeroy. 2 vol. in-8 avec 121 gravures. (Types des principales races.) . . . . 12 »

ARBORICULTURE — HORTICULTURE — BOTANIQUE

Almanach du jardinier, par les rédacteurs de la **Maison rustique.** 192 pages et 55 gravures. . . . . » 50

Une nouvelle édition de cet Almanach est publiée chaque année.

ANDRÉ.

Plantes de terre de bruyère. Rhododendrons, Azalées, Camellias, Bruyères, Ipacris, etc., par Ed. André. 1 vol. in-18 de 388 pages avec 30 gravures. 3 50

BARON.

Arbres fruitiers (Nouveaux principes de la taille des), par Baron. 1 vol. in-8 de 142 pages et 25 gravures. 3 50

BENGY-PUYVALLÉE (DE).

Pêcher (Culture du), par Bengy-Puyvallée. 2e édition. 1 volume in-18. . . . . 3 50

BERLÈSE.

Camellia, par l'abbé Berlèse. 3e édition. Culture et description de 180 variétés nouvelles. 1 vol. in-8 de 340 pages. . . . . 5 »

BONCENNE.

Jardinage pour tous (Traité de), par Boncenne. 2e édition. 1 v. in-12 de 440 pages. 2 50

BON JARDINIER (LE).

Bon Jardinier (Le), par POITEAU, VILMORIN, BAILLY, DECAISNE, NEUMANN, PÉPIN. 1,650 pages in-12. . . . . 7 »

PRINCIPAUX CHAPITRES DU BON JARDINIER

Calendrier du jardinier.
Notions de botanique.
Chimie et physique horticoles.
Bâches, couches.
Serres, abris.
Multiplication des plantes.
Maladies, animaux nuisibles.
Arbres fruitiers et taille.
Plantes potagères.
— médicinales.
— de grande culture.
Division des plantes par famille.
Plantes de pleine terre.
Dictionnaire de tous les plantes, arbres et arbustes connus jusqu'à ce jour avec leur description, le nom de la famille à laquelle ils appartiennent, l'époque des semis, de la floraison; leur culture et leur emploi dans les jardins.
Ce dictionnaire contient le nom vulgaire et scientifique de chaque plante.

Une nouvelle édition du *Bon Jardinier* est publiée chaque année.

Cet ouvrage a été couronné par la Société impériale d'horticulture.

Bon Jardinier (Gravures du), 22e édit. 1 vol. in-12 de 648 pag. avec 680 grav. et planches. . . . . 7 »

CONTENANT

1° Principes de botanique.
2° Principes de jardinage, manière de tailler, marcotter, greffer, disposer et former les arbres fruitiers.
3° Construction et chauffage des serres.
4° Instruments et outils de jardinage.
5° Composition et ornements des jardins.
6° Hydroplasie.

BOSSIN.

Reine-Marguerite et ses variétés, par Bossin. In-12 de 48 p. » 50

BRAVY.

Arbres fruitiers (Culture des), par Bravy. 2e éd. 86 p. in 12. » 75

Carrière.

Arbre généalogique du groupe pêcher. 1 v. in-8. 104 p. 3 »

Entretiens familiers sur l'horticulture, par Carrière. 1 vol. in-12 de 384 pages. 3 50

Jardinier-multiplicateur (Guide pratique du). ou art de propager les végétaux par semis, boutures, greffes, etc., par E.-A. Carrière. 2e édition. 1 vol. in-18 de 416 pages et 85 gravures. . . . 3 50

Pépinières, par Carrière (Bibl. du Jard.). 148 pages et 30 grav. 1 25

Production et fixation des variétés dans les végétaux. par Carrière. 1 vol. in-8 à 2 colonnes de 72 pages avec 15 gravures sur bois et 2 planches coloriées. 2 50

Traité général des conifères, ou description de toutes les espèces et variétés de ce genre aujourd'hui connues, avec leur synonymie, l'indication des procédés de culture et de multiplication qu'il convient de leur appliquer, par E. Carrière. Nouvelle édition. 2 vol. in-8, ensemble de 910 pages. . . . . 20 »

Céris (De).

Jardins et parcs, par de Céris (Bibl. du Jard.). 1 vol. in-18 avec 60 gravures. 1 25

Decaisne et Naudin.

Manuel de l'amateur de jardins. Traité général d'horticulture. Ire partie : Principes de botanique et de physiologie végétale ; — IIe partie : Culture des plantes d'agrément de plein air et d'appartements. Prix de chaque partie. 7 50

L'ouvrage se composera de quatre parties.

Dumas (A.).

Culture maraîchère pour le midi de la France. contenant le calendrier horticole par A. Dumas, jardinier-chef. 2e édition, 1 vol. in-18 de 144 pages. (Bibliothèque du Jardinier.) 1 25

Duvillers.

Parcs et jardins (Les), créés et exécutés par F. Duvillers, architecte paysagiste, paraissant par livraisons de deux planches in-folio avec texte. Prix de chaque livraison. . . . . 5 »

Gaudry.

Arboriculture (Cours pratique d'), par Gaudry. 1 vol. in-12 de 304 pages. 2 25

Grin.

Le pincement court ou pincement des feuilles. Méthode de direction des arbres et notamment du pêcher. In-8 de 62 pages. 1 »

Hardy.

Arbres fruitiers (Taille et greffe des), par Hardy. 6e édition. 1 vol. in-8 et 122 gravures. 5 50

Hérincq

Plantes, arbres et arbustes (Manuel général des). Description et culture de 25,000 plantes indigènes d'Europe ou cultivées dans les serres, par MM. Hérincq et Jacques, ex-jardiniers en chef du domaine royal de Neuilly, pour les trois premiers volumes, et Duchartre, pour le quatrième volume. — 4 vol. petit in-8 à 2 colonnes. . . . . . 36 »

Huard du Plessis.

Noyer (Le). Traité de sa culture; suivi de la fabrication des huiles de noix, par Huard du Plessis. 2e édition. 1 vol. in-18 de 175 pages et 45 gravures. (Bibliothèque du Cultivateur.) 1 25

Jacquin.

Melon (Monographie complète du), par Jacquin aîné. 1 vol. in-8 de 200 pages et 33 planches sur acier. Prix. . . . . 5 »

Jamin et Durand.

Catalogue raisonné des arbres fruitiers, cultivés chez Jamin et Durand. 56 pages in-8. . . . . 1 50

Jardins, etc.

Jardins (Traité de la composition et de l'ornementation des). 6e édition. 2 vol. in-4 oblong avec 168 planches gravées. 25 »

P. Joigneaux.

Conférences sur le jardinage (légumes et fruits). 2e édit., par Joigneaux (Bibl. du Jard.). 152 pages. 1 25

Le jardin potager. par P. Joigneaux, ouvrage illustré de 95 dessins en couleur, intercalés dans le texte. 1 beau vol. in-18 de 442 pages. . . . . 6 »

Labouret.

Cactées (Monographie de la famille des), suivie d'un **Traité complet de culture** et d'une table alphabétique de toutes les espèces et variétés, par Labouret. 1 vol. in-12 de 732 pages. . . . 7 50

Cet ouvrage a été couronné par la Société impériale d'horticulture.

Lachaume.

Pêchers en espaliers (Conduite et taille des), par Lachaume. 1 vol. in-18 de 212 pages et 40 gravures. . . . . 2 »

Poiriers et pommiers (Méthode élémentaire pour tailler et conduire les). par Lachaume. 1 volume in-18 de 285 pages et 49 gravures. 2 50

Lahaye.

Maladies organiques des arbres fruitiers. des causes et des moyens de les prévenir, par Lahaye. 1 br. in-8 de 44 pages. . . 1 50

Lebois.

Chrysanthème (Culture du). par Lebois. 56 pages in-12. . » 75

Lecoq.

Botanique populaire, par Henri Lecoq, professeur à la Faculté des sciences de Clermont-Ferrand. 1 vol in-18 de 408 p. et 215 grav. 3 50

Fécondation naturelle et artificielle des végétaux et hybridation, par Henri Lecoq. 1 vol. in-8 de 428 pages et 106 gravures. 7 50

Le Maout.

Flore élémentaire des jardins et des champs. avec des Clefs analytiques conduisant promptement à la détermination des Familles et des Genres, et un Vocabulaire des termes techniques; par Le Maout et Decaisne, de l'Institut, professeur de culture au Jardin des Plantes de Paris. 2 vol. petit in-8 de 940 pages. . . . . 9 »

Leroy (André).

Catalogue de André Leroy (d'Angers). 1 v. in-8 de 140 p. 1 »

LEROY (Louis).

Catalogue général des arbres fruitiers et d'ornement de Louis Leroy (d'Angers). 1 vol. in-8 de 145 pages. . . . . 1 »

LIRON (DE) D'AIROLLES.

Catalogue des arbres à fruits, cultivés dans les pépinières des Chartreux de Paris, en 1775. 1 brochure in-18 de 82 pages, publiée par de Liron d'Airolles. 2 »

Essais sur la botanique, la physiologie végétale et sur les phénomènes de la végétation, de la reproduction et de l'hybridation, in-8. 2 50

Poiriers (Les) les plus précieux parmi ceux qui peuvent être cultivés à haute tige; par de Liron d'Airolles. 2e édit. 1 vol. in-8 avec pl. 2 »

LOISEL.

Asperge. Culture, par Loisel (Bibl. du Jard.). 2e édition. 108 pages et 8 gravures. 1 25

Melon. Culture, par Loisel (Bibl. du Jard.). 5e édition. 108 pages et 7 gravures. 1 25

MARX-LEPELLETIER.

Rosier — Violette — Pensée — Primevère — Auricule — Balsamine — Pétunia — Pivoine, par Marx-Lepelletier (Bibl. du Jard.). 108 pages. 1 25

MENET.

Arboriculture (Traité élémentaire et pratique d'), par Menet. 1 vol. in-8 de 78 pages et 17 planches. 2 50

MOREL.

Orchidées (Culture des). Instructions sur leur récolte, expédition et mise en végétation, et liste descriptive de 550 espèces et variétés, par Morel, vice-président de la Société impériale d'horticulture. 1 v. 5 »

NAUDIN.

Potager (Le), jardin du cultivateur, par Naudin (Bibl. du Jardinier). 187 pages, 31 gravures. 1 25

Serres et orangeries de plein air, par Ch. Naudin. 52 pages in-8. . . . . » 75

NEUMANN.

Serres (Art de construire et de gouverner les), par Neumann. 1 volume in-4 oblong, renfermant 83 planches. . . . . 7 »

NOISETTE.

Jardinier (Manuel complet du), par Louis Noisette. 4 vol. in-8 et un supplément formant ensemble 2170 pages et 25 planches. 25 »

PIROLLE.

Dahlia, par Pirolle (Bibl. du Jard.). 1 vol. in-18 de 148 pages. 1 25

PONSORT (DE).

Pensée (Culture de la), par le baron de Ponsort (Bibl. du Jard.). 1 volume de 108 pages. 1 25

PRÉCLAIRE.

Arboriculture (Traité théorique et pratique d'), par Préclaire. 1 vol. in-8 de 178 pages et 1 atlas in-4 de 15 planches. 5 »

PUVIS.

Arbres fruitiers. Taille et mise à fruit, par Puvis. (Bibl. du Jard.) 2ᵉ édit. 167 pages. 1 25

PUYDT (DE).

Plantes de serre froide, par de Puydt (Bibl. du Jard.). 157 pages et 15 gravures. 1 25

RAFARIN.

Serres (Chauffage des), par Rafarin. 1 vol. in-8, 26 grav. 3 50

RAOUL.

Arboriculture (Manuel pratique d'), par l'abbé Raoul. 1 vol. in-18 de 264 pages et 10 gravures. 2 50

RÉMY.

Champignons et truffes, par Jules Rémy. 1 vol. in-18 de 172 pages et 12 planches coloriées. 3 50

Jardinier des fenêtres (Le), des appartements et des petits jardins, par J. Rémy. 1 v. in-18 de 280 pages et 40 gravures. 4ᵉ édition 3 50

RIONDET.

Olivier (L'), par A. Riondet, agriculteur à Hyères, in-18 jésus, de 139 pages. (Bibliothèque du Cultivateur). 1 25

ROBAUX.

Indicateur horticole à l'usage des amateurs et des jardiniers, par Robaux. 1 brochure in-8. . . . . 1 »

THIBAUT.

Pelargonium, par Thibaut (Bibliothèque du Jardinier). 2ᵉ édit. 108 p. et 10 gr. 1 25

VIGNE — BOISSONS — DISTILLATION — SUCRE

CARRIÈRE.

Vigne (La), par Carrière. 1 vol. in-18 de 396 p. et 121 grav. 3 50

PRINCIPAUX CHAPITRES

Multiplication de la vigne.
Culture et plantation.
Taille et conduite de la vigne.
Restauration des vieilles vignes.
Engrais, labours, soufrage.
Des cépages.

CLÉMENT PRIEUR.

Étude sur la viticulture et sur la vinification dans le département de la Charente. In-8 de 165 pages. . . 2 »

COLLIGNON D'ANCY.

Vigne. Nouveau mode de culture et d'échalassement ; par Collignon d'Ancy. 1 vol. in-8 de 200 pages et 3 planches. . . . . . . 3 »

GARNIER.

Vigne (Théorie pour l'amélioration de la culture de la), par Garnier. 1 vol. in-8 de 192 pages. . . . . 2 »

GUYOT (JULES).

Vigne (Culture de la) et vinification, par le Dr Jules Guyot. 2e édition. 1 volume in-12 de 426 pages et 30 gravures. . . . 3 50

Viticulture dans la Charente-Inférieure, par le docteur Guyot. 1 volume in-8 de 60 pages. 2 50

Viticulture dans l'est de la France. par le docteur Guyot. 1 volume in-18 de 204 pages et 46 gravures. 3 50

Viticulture du sud-ouest de la France, par le docteur Guyot. 1 volume in-8 de 248 pages et 89 gravures. 4 50

JOBARD-BUSSY.

Vigne (Perfectionnement de la plantation de la), par Jobard-Bussy. 1 volume in-8 de 102 pages et 1 planche. 1 50

LALIMAN.

Vigne (Taille de la) à cordons, vignes et vins étrangers, par Laliman. 1 brochure in-8 de 52 pages. 1 25

LEUSSE (DE).

Distillation agricole de la pomme de terre, des topinambours, etc., etc., par le comte de Leusse. 1 vol. in-18 de 154 pages. . . . . 2 »

MACHARD.

Vins (Traité pratique sur les). par Machard. 4e édition. 1 vol. in-18 de 359 pages. 3 50

MICHAUX (A.).

Échalas (Plus d'). Échalas, paisseaux et lattes remplacés par des lignes de fil de fer mobiles, par A. Michaux, de l'Institut. 18 pages et 1 planche... . . . . » 40

ODART.

Ampélographie universelle, ou Traité des cépages les plus estimés, par le comte Odart. 5e édit. 1 vol in-8 de 650 pages. . 7 50

Vigneron (Manuel du), par le comte Odart. 3e édition. 1 vol. in-12 de 360 pages. 4 50

ROBINET (fils).

Vins (Manuel pratique et élémentaire d'analyse des), par Ed. Robinet fils. 1 vol. in-8 de 136 pages et 2 planches. . 5 »

SEILLAN.

Vins du Gers, par Seillan. 11 pages in-4 et 1 carte. . . . . 1 »

TERREL DES CHÊNES.

Vins (Pourquoi nos) dégénèrent, par Terrel des Chênes. 1 brochure in-8 de 48 pages. . . . . 1 »

VERGNE (DE LA).

Soufrage de la vigne (Instruction pratique sur le), par de la Vergne. 1 vol. in-18 de 82 pages et 1 planche 1 50

VERGNETTE-LAMOTTE.

Vin (Le), par de Vergnette-Lamotte, correspondant de l'Institut. 1 vol. in-18 de 384 pages avec 3 planches en couleur et 29 gr. noires. 3 50

PRINCIPAUX CHAPITRES

Vendange. Fermentation.
Remplissage des vins nouveaux.
Amélioration des moûts.
Sucrage de la vendange.
Vinage des vins. Coupage des vins.
Alcoolométrie. Collage des vins. Fermentation des vins au tonneau.
Des caves. Soins que demandent les vins vieux.
Action du froid sur les vins.
Congélation des vins.
Tirage en bouteilles des grands vins et des vins ordinaires.
Maladies des vins.
Amertume des vins.
Examen des dépôts des vins.
Maladie des vins en bouteilles.
Amertume des vins vieux.
Chauffage des vins.
Théorie et effet du chauffage.
Pratique du chauffage.

VIGNIAL.

Vigne (Hygiène de la), par Vignial. Moyen de lui rendre la santé sans le secours d'aucun remède. 1 br. in-8 de 39 p. et 4 pl. 2e édit. 2 »

WINCKLER.

Revue synoptique des principaux vignobles de l'univers. In-folio de 32 pages ou tableaux. . . . . 5 »

ABEILLES — MURIERS — SOIE — VERS A SOIE

BASTIAN (F.)

Abeilles (Les). Traité d'apiculture rationnelle et pratique, par F. Bastian. 1 vol. in-18 orné de 49 gravures. 3 50

BLAIN.

Ver à soie du chêne (Notice pratique pour servir à l'éducation du), par Blain. 1 brochure in-18 de 20 pages. . 1 »

BOULLENOIS (DE).

Vers à soie (Conseils aux nouveaux éducateurs de), par de Boullenois. 2e édit. 1 vol. in-8 de 224 pages et 2 planches. 3 50

BOYER et LABAUME.

Mûrier (Culture du), par Boyer et Labaume. 150 p., 5 pl. . 3 »

CHABOD.

Magnanerie (La petite), ou Manuel de l'éducation pratique et raisonnée des vers à soie, par Chabod fils. 1 br. in-18 de 48 p.. . 1 25

CHARREL.

Mûrier (Manuel du cultivateur de), par Charrel, pépiniériste, commissaire-instructeur à la culture du mûrier, désigné par la Société d'agriculture de Grenoble. 1 vol. in-8 de 268 pages. 1 75

CHAVANNES (DE).

Mûrier. Manière de cultiver le mûrier avec succès dans le centre de la France, par de Chavannes. 1 vol. in-8 de 150 pages. 1 25

DEBEAUVOYS.

Apiculteur (Guide de l'), par Debeauvoys. 6e édition. 1 vol. in-12 de 340 pages, avec figures. 2 50

Duseigneur.

Cocons et graines d'Italie, par Duseigneur. 16 pag. in-8. 1 »

Girard (Maurice).

Entomologie appliquée. Les insectes utiles (vers à soie et abeilles) et les insectes nuisibles, par Maurice Girard, président de la Société entomologique de France. in-8 de 39 pages. 1 50

Givelet.

Ailante et son bombyx (L'). Culture de l'ailante, éducation du ver que cet arbre nourrit, valeur et emploi de la soie qu'on en tire, par Henri Givelet. Ouvrage orné de plusieurs plans et de 14 planches coloriées. . . . . 10 »

Guérin-Menneville.

Muscardine, par Guérin-Menneville. In-8 de 186 pages. . . 3 »

Vers à soie (Maladies et amélioration des races de), par Guérin-Menneville. 32 pages in-18. . . . . 1 »

Masquard (Eug. de).

Maladies des vers à soie (Les), par M. Eugène de Masquard. 1 vol. in-8 d'environ 300 pages. (*Sous presse.*)

On souscrit au prix de 3 fr. jusqu'à la mise en vente du volume.

Personnat.

Ver à soie du chêne (Conférence sur le), (Bombyx Yama-maï); par Camille Personnat, donnée au Palais de l'Industrie de Paris, le 28 août 1865. . . . . 1 »

Ver à soie du chêne (Le), bombyx Yama-maï, son histoire, son acclimatation, son éducation, ses produits, par Camille Personnat. 1 vol. in-8 avec 3 planches coloriées. . . . . 3 »

Roux.

Vers à soie (Les), par J.-F. Roux. 1 vol. in-12 de 245 pages. 1 25

Sagot.

Petit traité spécial de la culture des abeilles avec l'aumônière ruche à cadres et greniers mobiles, par l'abbé Sagot. In-18, fig. 1 »

Société séricicole.

Société séricicole (Annales de la), pour la propagation et l'amélioration de l'industrie de la soie. 15 volumes grand in-8 et 15 planches.

La collection complète. . . . . 175 »

BOIS — FORÊTS — CHARBON

Arbois de Jubainville.

Assolements forestiers (Utilité des), par d'Arbois de Jubainville. 1 brochure in-8 de 48 pages . . . . 2 »

Balivage (Règlement du) dans une forêt particulière, par d'Arbois de Jubainville. 1 brochure in-8 de 64 pages. . . . . . . 2 »

Défrichement des forêts (Manuel du), par d'Arbois de Jubainville. 1 vol. in-8 de 184 pages. 4 50

BURGER.

Chêne de marine (Principes de culture du), par Burger. 1 brochure in-8 de 64 pages. 1 50

CLAVÉ.

Économie forestière (Études sur l'), par Jules Clavé. 1 vol. in-18 de 380 pages. 3 50

COURVAL (DE).

Arbres forestiers (Conduite et taille des), par le vicomte de Courval. 1 brochure in-8 de 110 pages et 15 planches. . . . . 3 »

DUBOIS.

Charrue forestière. travaux de reboisement exécutés dans le Blésois, par Dubois. 1 brochure in-8 de 84 p. . 2 »

Futaies de chêne (Considérations culturales sur les), par Dubois. 1 brochure in-8 de 42 pages. 1 50

GRANDVAUX.

Reboisement des montagnes de France, par Grandvaux. 1 volume in-8 de 50 pages. . . . . » 75

GURNAUD.

Bois de l'État et la dette publique (Les), par Gurnaud. 1 brochure de 16 pages. . . . . » 75

Forêts de l'État (Conserver les) et réaliser le matériel surabondant, par Gurnaud. 1 brochure in-8 de 64 pages. . . . . . . 2 »

Forêts (Mémoire sur la gestion des), par Gurnaud. 1 brochure in-8 de 32 pages. 1 50

JOUBERT.

Reboisement de la France (Du), par Joubert. In-8. . . 1 50

MOITRIER.

Osier (Culture de l'), et art du vannier, par Moitrier. 2e édition 60 pages et 3 planches. 2 50

NANQUETTE.

Cours d'aménagement des forêts, professé à l'École impériale forestière, par H. Nanquette. 1 volume in-8 de 327 pages. . . 6 »

RIBBE (DE).

Provence (La), au point de vue du bois, des torrents et des inondations; par de Ribbe. 1 vol. in-8 de 200 pages. . . . . 3 »

ROUSSET.

Études de maître Pierre sur l'agriculture et les forêts, par Antonin Rousset. 1 volume in-18 de 92 pages. . . . . . 1 »

SAMANOS.

Pin maritime (Culture du), par Eloi Samanos. 1 volume in-8 de 150 pages et 4 planches. . . . . 3 »

THOMAS.

Bois (Traité général de la culture et de l'exploitation des), par Thomas. 2 volumes in-8. . . . . 10 »

ÉCONOMIE DOMESTIQUE — CUISINE

Bréviaire des gastronomes. Aide-mémoire pour ordonner les repas. 1 volume in-16 cartonné de 186 p. . . . . 2 »

Cuisinière de la campagne et de la ville (La), par L. E. A. 1 volume in-12 avec figures. 42ᵉ édition. . . . . 3 »

DELAMARRE.

Vie à bon marché (La), par Delamarre, député de la Somme. Le pain, la viande, les transports. 2ᵉ édit. 1 vol. in-12 de 708 p.. 3 50

EMION (V.).

Taxe (La) du pain, par Victor Emion, avec préface par Borie. 1 vol. in-8 de 108 pages. . . . . 4 fr.

LECLERC.

Caisse d'épargne et de prévoyance. Lettres à un jeune laboureur par Louis Leclerc. 3ᵉ édition. In-12 de 60 pages. . . . . » 25

MARTIN (DE).

Fromages (Études sur la fabrication des), fermentation caséique. Grand in-8 de 60 pages. 1 50

MICHAUX (Mme).

La cuisine de la ferme par Mme Marceline Michaux. 1 vol. in-18 de 180 pages. (Bibliothèque du Cultivateur.) 1 25

MILLET-ROBINET (Mme).

Bon domestique (Le), par Mme Millet-Robinet. 1 volume in-12 de 204 pages. . . . . 2 »

Conseils aux jeunes femmes, par Mme Millet-Robinet. 1 vol. in-18 de 284 pages et 30 gravures 3 50

Économie domestique, par Mme Millet-Robinet. (Bibl. du Cultiv.). 3ᵉ édition. 245 pages et 78 gravures. 1 25

Maison rustique des dames, par Mme Millet-Robinet. 2 volumes in-12, avec 250 gravures, 6ᵉ édition. 7 75

Cet ouvrage est divisé en quatre parties :

TENUE DU MÉNAGE

Travaux. — Repas. — Comptabilité — Dépenses. — Mobilier. — Linge. — Conserves — Blanchissage.

CUISINE

Potages. — Sauces. — Viandes. — Poissons. — Gibier. — Légumes. — Fruits — Purées. — Entremets. — Desserts. — Bonbons.

MÉDECINE DOMESTIQUE

Pharmacie. — Hygiène. — Maladies des enfants. — Médecine et Chirurgie. — Empoisonnement. — Asphyxie.

JARDIN — FERME

Jardins, Potagers, Fruitiers, Fleurs, etc. Ferme, Travaux des champs. — Basse-cour, Vacherie, Laiterie. — Bergerie, Porcherie.

THOMAS.

Manuel des halles et marchés en gros. Guide de l'approvisionneur, de l'acheteur et des employés aux divers services de l'alimentation de Paris, par Ernest Thomas. 1 vol. in-12 de 316 pages. 3 »

VACCA (E.).

Fromages dits de géromé (Fabrication des), par E. Vacca, professeur de chimie. Brochure in-8. . . . . » 50

VILLEROY.

Laiterie, beurre et fromages, par Villeroy. 1 volume in-18 de 390 pages et 59 gravures. 3 50

JOURNAUX — PUBLICATIONS PÉRIODIQUES

GAZETTE DU VILLAGE

Rédacteur en chef : Ad. HAURÉAU

PARAISSANT TOUS LES DIMANCHES

Prix d'abonnement, rendu *franco* à domicile : un an. . . 6 fr.
— — six mois. . 3 fr. 50

10 centimes le numéro

Ce journal, contenant 8 pages à deux colonnes, format des journaux littéraires illustrés, publie, chaque semaine, des articles ayant pour but de mettre à la portée de toutes les intelligences les notions élémentaires d'économie rurale, les meilleures méthodes de culture, les inventions nouvelles ; de faire connaître les principales industries et les procédés employés par elles ; de populariser les voyages entrepris dans des contrées lointaines ; de raconter la vie des hommes utiles à l'humanité, et de tenir enfin les lecteurs au courant de tout ce qui se passe d'intéressant dans le monde industriel et agricole.

Il donne, en outre, un grand nombre de faits, recettes, procédés divers utiles aux cultivateurs et aux ouvriers.

Une partie du journal, consacrée aux *lectures du soir*, contient un roman choisi avec la sollicitude la plus scrupuleuse.

Instruire et moraliser sans ennui, tel est le programme de la *Gazette du village*.

En vente :
1re année 1864. . . . . 4 »
2e — 1865. . . . . 4 »
3e — 1866. . . . . 4 »
4e — 1867. . . . . 4 »

On s'abonne à Paris, rue Jacob, 26, en envoyant un mandat de SIX francs sur la poste. (Les frais de ce mandat ne sont que de 6 centimes.)

40e ANNÉE — 1868

REVUE HORTICOLE

JOURNAL D'HORTICULTURE PRATIQUE

FONDÉE EN 1829 PAR LES AUTEURS DU BON JARDINIER

Rédacteur en chef : E. Carrière
Chef des pépinières au Muséum d'histoire naturelle

PRINCIPAUX COLLABORATEURS :

D'Airolles, André, Bailly, Baltet, Boncenne, Bossin, Bouscasse, Carbou, Chabert, Chauvelot, Denis, de la Roy, Doumet, du Breuil, Durupt, Ermens, Gagnaire, Glady, Gloede, Groenland, Guillier, Hardy, Houllet, Kolb, Lachaume, de Lambertye, Lecoq, Lemaire, André Leroy, Martins, de Mortillet, Naudin, Neumann, d'Ornous, Pépin, Quetier, Rafarin, Sisley, Verlot, Vilmorin, etc.

PRIX DE L'ABONNEMENT POUR LA FRANCE ET L'ALGÉRIE

Un an (janvier à décembre) : 20 fr.

La **Revue horticole** est envoyée *franco* contre le payement du montant de l'abonnement, d'une des trois façons suivantes :

Envoi d'un mandat sur la poste		Envoi en timbres-poste		Envoi de l'autorisation à MM. les Administrateurs de faire traite	
Un an. . . .	**20 »**	**Un an. . . .**	**20 80**	**Un an. . . .**	**20 90**
Six mois. . .	**10 50**	**Six mois. . .**	**10 50**	**Six mois. . .**	**11 40**

Adresser les mandats de poste, timbres-poste, autorisations de traite, à MM. Bixio et Ce, 26, rue Jacob, à Paris.

PRIX DE L'ABONNEMENT D'UN AN POUR L'ÉTRANGER

Franco jusqu'à destination.		*Franco jusqu'à leur frontière.*	
Italie, Belgique et Suisse. . . .	20 fr.	Grèce.	25 fr.
Angleterre, Egypte, Espagne, Pays-Bas, Turquie, Allemagne, Autriche.	25	Suède.	25
Colonies françaises, Montevideo, Uruguay.	25	Pologne, Russie.	25
Etats-Pontificaux.	24	Buenos Ayres, Canada, Colonies anglaises et espagnoles, Etats-Unis, Mexique.	25
Brésil, Iles Ioniennes, Moldo-Valachie.	26	Bolivie, Chili, Nouvelle-Grenade, Pérou, Java.	29
Portugal.	24		

N. B. — La *Librairie agricole* envoie un numéro spécimen de la *Revue horticole* à toute personne qui lui en fait la demande.

32e ANNÉE — 1868

JOURNAL
D'AGRICULTURE PRATIQUE

MONITEUR DES COMICES, DES PROPRIÉTAIRES ET DES FERMIERS

(Seconde partie de la *Maison rustique du dix-neuvième siècle*)

Fondé en 1837 par Alexandre Bixio

Rédacteur en chef : E. LECOUTEUX
Propriétaire-Agriculteur
MEMBRE DE LA SOCIÉTÉ IMPÉRIALE ET CENTRALE D'AGRICULTURE DE FRANCE

Secrétaire de la rédaction : M. A. de CÉRIS

Gérant responsable : M. Maurice BIXIO

PRINCIPAUX COLLABORATEURS :

MM. Boussingault, Brongniart, Combes, H. Deville, Duchartre, Dumas, Michel Chevalier, Naudin, Payen, Wolowski, etc.,
Membres de l'Institut,

MM. Amédée Durand, Béhague (de), Bella, Borie, Bouchardat, Dampierre, Gayot, Guérin-Menneville, Heuzé, Kergorlay (de), Magne, Moll, Monny de Mornay (de) Nadault de Buffon, Reynal, Robinet, Vibraye (de), Vogué (de), etc.,
Membres de la Société impériale et centrale d'agriculture,

Et un nombre considérable d'agriculteurs, de savants, d'économistes, d'agronomes de toutes les parties de la France et de l'étranger.

Ce journal est autorisé à traiter les matières d'économie politique et sociale. Il paraît toutes les semaines par livraison de 40 pages in-8

FORMANT CHAQUE ANNÉE

DEUX BEAUX VOLUMES ENSEMBLE DE 1,700 PAGES

Avec de belles gravures noires dans le texte

ENSEIGNEMENT PRIMAIRE AGRICOLE

BIBLIOTHÈQUE AGRICOLE DES ÉCOLES PRIMAIRES

à 75 centimes le volume

BONCENNE.

Horticulture (Cours élémentaire d'), par Boncenne. 2 vol. in-18, formant ensemble 312 pages avec 85 grav. 1 50
Chacun de ces volumes est vendu séparément. . . . . » 75

BORIE (V.)

Jeudis de M. Dulaurier (Les), par Victor Borie. 2 vol. in-18 de chacun 126 pages et 40 gravures. 1 50
Chaque volume séparé. » 75

DOUAY (EDM.)

Grammaire française raisonnée, avec exemples agricoles par Edm. Douay. 1 vol. in-18 de 128 pages. . . . . » 75

Alphabet et syllabaire. (*Sous presse.*)

HEUZÉ (G.).

Lectures et dictées d'agriculture, revues et annotées par Gustave Heuzé. 1 vol. in-18 de 128 pages. . . . . » 75

LAURENÇON (C.)

Traité d'agriculture élémentaire et pratique, par C. Laurençon. 2 vol. in-18 avec figures. 1 50

PREMIÈRE PARTIE	DEUXIÈME PARTIE
Agriculture, sol, terres, engrais, amendements, instruments aratoires, façons culturales, assolements, jachère, culture des plantes, plantes alimentaires, plantes fourragères, plantes industrielles.	Animaux domestiques, fabrication du beurre et du fromage, principes d'horticulture, arbres fruitiers, principes de viticulture, fabrication du vin, fabrication de l'eau-de-vie et résidus, comptabilité agricole.

Chaque volume séparé. . . . . » 75

DUCOUDRAY (G.).

Histoire de France. Simples récits à l'usage des classes élémentaires des lycées, de l'enseignement secondaire spécial, des écoles primaires supérieures, par G. Ducoudray. 1 vol. in-18 de 184 pages, avec 36 gravures coloriées hors texte. 1 50

Cet ouvrage a été admis par la commission des bibliothèques scolaires.

Le même ouvrage, cartonné. 1 75
— — toile rouge. . . . . 2 »

BIBLIOTHÈQUE DU CULTIVATEUR

Publiée avec le concours du Ministre de l'agriculture

29 volumes in-18, à 1 fr. 25 le volume

Agriculteur commençant (Manuel de l'), par Schwerz, traduit par Villeroy. 5e édit., 332 pages. 1 25
Animaux domestiques, par Lefour. 1 vol. in-18 de 162 pages et 57 gravures. 1 25
Basse-cour. pigeons et lapins, par Mme Millet-Robinet, 5e édit., 180 p., 31 gravures. 1 25
Bètes à cornes (Manuel de l'éleveur de), par Villeroy. 300 pages et 60 gravures. 1 25
Champs et prés (Les), par Joigneaux. 140 pages. 1 25
Cheval (Achat du), par Gayot. 1 vol. de 180 pages et 25 grav. 1 25
Cheval, àne et mulet, par Lefour. 1 vol. de 176 p. 192 gr. 1 25
Cheval percheron, par du Hays. 176 pages. 1 25
Choux (culture et emploi), par Joigneaux. 1 vol. in-18 de 180 pages et 14 gravures. 1 25
Comptabilité et géométrie agricoles, par Lefour. 214 pages et 104 gravures. 1 25
Constructions et mécaniques agricoles, par Lefour, 216 pages et 151 gravures. 1 25
Cuisine (La) **de la ferme**, par Mme Michaux. 180 pages. . 1 25
Culture générale et instruments aratoires, par Lefour. 1 vol. in-18 de 160 pages et 132 gravures. 1 25
Économie domestique, par Mme Millet-Robinet. 3e édit., 245 pages et 78 gravures. 1 25
Engraissement du bœuf, par Vial. 1 vol. in-18 de 100 pages et 12 gravures. 1 25
Fermage (estimation, plan d'amélioration, baux), par de Gasparin, membre de l'Institut, anc. ministre de l'agriculture. 3e éd. 216 p. 1 25
Fumiers de ferme et composts, par Fouquet. 2e éd. 176 pages et 19 gravures. 1 25
Houblon, par Erath, traduit par Nicklès. 136 pages et 22 grav. 1 25
Lièvres, lapins et léporides, par Eug. Gayot. 216 p., 15 g. 1 25
Médecine vétérinaire (Notions usuelles de), par Sanson. 1 vol. de 180 pages. 1 25
Métayage (contrat, effets, améliorations), par de Gasparin. 2e édition. 162 pages 1 25
Noir animal (Le). Analyse, emploi, vente, par Bobierre. 156 pages et 7 gravures. 1 25
Noyer (La), sa culture, par Huard du Plessis. 2 édit. 1 vol. in-18 de 175 pages et 45 gravures. 1 25
Olivier (L'), par Riondet. 1 vol. de 139 pages. 1 25
Poules et œufs, par E. Gayot. 1 vol. de 208 pages et 35 gr. 1 25
Races bovines, par Dampierre. 2e édit. 196 pages et 28 gr. 1 25
Sol et engrais, par Lefour. 180 pages et 54 gravures 1 25
Travaux des champs, par Victor Borie. 188 p. et 121 gr. 1 25
Vaches laitières (Choix des), par Magne. 144 p. et 39 gr. . 1 25

BIBLIOTHÈQUE DU JARDINIER

Publiée avec le concours du Ministre de l'agriculture

13 volumes in-18 à 1 fr. 25 le volume

Arbres fruitiers. Taille et mise à fruit, par Puvis. 2e édition. 167 pages. 1 25

Asperge. Culture, par Loisel. 2e édit. 108 p. et 8 grav. . . . 1 25

Conférences sur le jardinage (légumes et fruits) 2e édition, par Joigneaux. 152 pages. 1 25

Culture maraîchère pour le midi de la France, par A. Dumas. 2e édition. 144 pages. 1 25

Dahlia, par Pirolle. 1 vol. in-18 de 148 pages. 1 25

Jardins et parcs, par de Céris. 1 vol. in-18 avec 60 grav. . 1 25

Melon. Culture, par Loisel. 5e édition. 108 pages et 7 grav. . . 1 25

Pelargonium, par Thibaut. 2e édit. 108 pag. et 10 grav.. . 1 25

Pensée (Culture de la), par le baron de Ponsort. 1 volume de 108 pages. 1 25

Pépinières, par Carrière. 148 pages et 30 gravures. 1 25

Pétunia — Rosier — Pensée — Primevère — Auricule — Balsamine — Violette — Pivoine, par Marx-Lepelletier. 108 pages. 1 25

Plantes de serre froide, par de Puydt. 157 p. et 15 grav.. 1 25

Potager (Le), jardin du cultivateur, par Naudin. 187 p., 31 gr. 1 25

Chacun de ces volumes est vendu séparément.

La Librairie agricole de la MAISON RUSTIQUE publie chaque année un bel ALMANACH-CALENDRIER richement exécuté en chromolithographie, et contenant au verso un aide-mémoire avec les renseignements indispensables aux cultivateurs, tels que : Travail qu'on peut exiger des attelages, d'un journalier ; poids de toutes les denrées ; rendements des animaux, etc.

Le prix de l'ALMANACH-CALENDRIER pour 1868 est de 2 fr.

FIN.

PARIS. — IMP. SIMON RAÇON ET COMP., RUE D'ERFURTH, 1

EXTRAIT DU CATALOGUE DE LA LIBRAIRIE AGRICOLE

JOURNAL D'AGRICULTURE PRATIQUE, sous la direction de M. L. Lecouteux. — Une livraison de 40 pages in-4, paraissant chaque semaine, avec de nombreuses gravures noires. — Un an (France et Algérie)... 20

REVUE HORTICOLE, publiée sous la direction de M. Carrière. — Un n° de 24 pages in-4, avec gravures coloriées et gravures noires, paraissant les 1er et 16 du mois. — Un an. 20

BON FERMIER (Le), par Barral et de Céris. 1 vol. in-12 de 1,448 p. et 200 grav. . 7

BON JARDINIER (Le), almanach horticole, par MM. Poiteau, Vilmorin, Bailly, Naudin, Neuman, Pépin. 1 vol. in-12 de 1,616 pages et 15 gravures. 7

BIBLIOTHÈQUE DU CULTIVATEUR, publiée avec le concours du Ministre de l'agriculture.

EN VENTE : 32 VOLUMES IN-18, A 1 FR. 25 LE VOLUME, SAVOIR :

Agriculteur commençant par Schwerz, traduit par Villeroy. 1 vol. de 332 pages. . 1 25
Travaux des champs, par Borie. 230 pages et 1(0 gravures 1 25
Culture générale et Instruments aratoires, par Lefour. 1 vol. in-18 de 160 pages. 1 25
Fermage (estimation, plans d'améliorations, bail), par de Gasparin. 3e édit. 384 pages. 1 25
Sol et engrais, par Lefour. 170 pages et 512 gravures 1 25
Métayage (contrats, effets, améliorations), par de Gasparin. 2e édition. 166 pages.. 1 25
Fumiers de ferme et composts, par Fouquet. 2e édit. 270 pages et 19 gravures. 1 25
Noir animal, par Bobière. 156 pages et 7 gravures. 1 25
Champs et prés (Les), par Joigneaux. 140 pages. 1 25
Cheval percheron, par du Hays 176 pages. 1 25
Lièvres, lapins et léporides, par A. Gayot. 216 pages, 15 gravures. 1 25
Choux, culture et emploi, par Joigneaux. 1 vol. de 180 pages et 7 gravures. . . 1 25
Houblon, par Erath, traduit de l'allemand par Nicklès 128 pages et 22 gravures. 1 25
Animaux domestiques, par Lefour. 1 vol. in-18 de 162 pages et 57 gravures. . . 1 25
Cheval, âne et mulet, par Lefour. 1 vol. de 162 pages et 134 gravures. 1 25
Cheval (Achat du) par Gayot. 1 vol. de 216 pages et 25 gravures. 1 25
Choix des vaches laitières, par Magne. 3e édition. 144 pages et 30 gravures. . . 1 25
Races bovines, par le marquis de Dampierre. 2e édition. 192 pages et 28 gravures. 1 25
Bêtes à cornes, par Villeroy. 5e édition. 300 pages et 60 gravures. 1 25
Engraissement du bœuf, par Vial. 1 vol. in-18 de 180 pages 1 25
Basse-cour. — Pigeons. — Lapins, par Mme Millet-Robinet. 5e éd. 180 p., 31 gr. . 1 25
Poules et œufs, par E. Gayot. 1 vol. in-18 de 216 pages et 35 gravures 1 25
Médecine vétérinaire (Notions usuelles de), par Sanson. 1 vol. de 180 pages. . . . 1 25
Économie domestique, par Mme Millet-Robinet. 3e édition. 324 pages et 106 grav. 1 25
Constructions et mécaniques agricoles, par Lefour. 216 pages et 151 gravures. 1 25
Comptabilité et géométrie agricoles, par Lefour. 204 pages et 104 gravures. . . 1 25
Cuisine de la ferme (La), par Mme Marceline Michaux. 1 vol in-18, jésus, de 180 pages. 1 25
Noyer (Le), sa culture, par Buard-Duplessis, 2e éd. 1 v. in-18 de 175 p. et 45 gr.. 1 25
Olivier (L'), par Bionnet. 1 vol. de 139 pages. 1 25
Maréchalerie (La) ou ferrure des animaux domestiques, par Sanson. 180 p., 27 grav. 1 25
Formules des fumures (Les), par G. Heuzé. 1 vol. in-18. 2e édit. revue et augmentée. 1 25
Moutons (Les), par A. Sanson. 1 vol. in-18 de 180 pages et 55 gravures. 1 25

CHACUN DE CES VOLUMES EST VENDU SÉPARÉMENT, 1 FR. 25 C.

BIBLIOTHÈQUE DU JARDINIER, publiée avec le concours du Ministre de l'agriculture.

EN VENTE : 14 VOLUMES IN-18 A 1 FR. 25 LE VOLUME, SAVOIR :

Arbres fruitiers (taille et mise à fruit), par Puvis. 2e édit. 220 pages. 1 25
Pépinières, par Carrière. 144 pages et 16 gravures 1 25
Conférences sur le jardinage, par Joigneaux. 160 pages et 12 grands tableaux. . 1 25
Potager (Le), par Charles Naudin. 188 pages et 34 gravures 1 25
Asperge (culture naturelle et artificielle), par Loisel. 2e édit. 108 pages et 6 grav. 1 25
Melon (culture sous cloches, sur buttes et sur couches), par Loisel. 3e éd. 112 pag. 1 25
Dahlia (bouture, taille, multiplication), par Pirolle. 148 pages. 1 25
Pélargonium, par Thibaut. 2e édit. 108 pages et 10 gravures.. . . . . 1 25
Plantes de serre froide, par de Puydt. 158 pages et 15 gravures. 1 25
Rosier. — Violette. — Pensée. — Primevère. — Auricule. — Balsamine. — Pétunia. — Pivoine Espèces, Culture, Variétés, par Marx-Lepelletier. 104 pages. . 1 25
Parcs et jardins, par de Céris. 1 vol. in-18. 60 gravures. 1 25
Pensée (Culture de la), par le baron de Ponsort. 108 pages. 1 25
Culture maraîchère (La) pour le Midi de la France, par A. Dumas. 2e édit., 144 pages. 1 25
Pincement court (Le) ou pincement des feuilles, notamment du pêcher, par Grin. 2e édit. revue et augmentée. 1 25

CHACUN DE CES VOLUMES EST VENDU SÉPARÉMENT, 1 FR. 25 C.

PARIS. — IMP. SIMON RAÇON ET COMP., RUE D'ERFURTH, 1.

www.ingramcontent.com/pod-product-compliance
Lightning Source LLC
LaVergne TN
LVHW012022160826
845678LV00002B/984

* 9 7 8 2 3 2 9 6 5 0 2 9 6 *